Ruben Dario Cardenas Espinosa

Acreditación de Laboratorios de Ensayo y Calibración en Colombia

Accreditation of Laboratory Testing and Calibration

GRIN Publishing

Bibliographic information published by the German National Library:

The German National Library lists this publication in the National Bibliography; detailed bibliographic data are available on the Internet at http://dnb.dnb.de .

Imprint:

Print and binding: Books on Demand GmbH, Norderstedt Germany
ISBN: 978-3-640-78697-8

This book at GRIN:

http://www.grin.com/es/e-book/163138/acreditacion-de-laboratorios-de-ensayo-y-calibracion-en-colombia

RUBEN DARIO CARDENAS ESPINOSA
ID UD3972SEL9104

ACCREDITATION OF LABORATORY TESTING AND CALIBRATION

ACREDITACIÓN DE LABORATORIOS DE ENSAYO Y CALIBRACIÓN EN COLOMBIA

Student's Profile

My Life in Manizales (Caldas), Colombia

RUBEN DARIO CARDENAS ESPINOSA

Doctor of Science with major in Electronic Engineering (AIU- USA)
Master of Science with major in Electrical Enginering (AIU- USA)
Especialista Gerencia en Finanzas (UAM – Colombia)
Ingeniero Electrónico (UAM – Colombia)
Tecnólogo Profesional en Electrónica y Automatización Industrial (UAM – Colombia)

Objetivo Terminal del Curso

Establecer la factibilidad técnica y administrativa, con miras a la estandarización de procesos a nivel de calibración y/o ensayo, teniendo como referencia patrones de precisión aceptados por la norma ISO/IEC 17025 Y LA NORMA TECNICA COLOMBIANA 10012, portando así un sistema de gestión de la medición y generando resultados técnicamente válidos por la SIC.

Breve Descripción

El presente estudio, busca identificar la posibilidad de satisfacer las necesidades de la industria local y regional, a través del montaje de laboratorios de Ensayo, conforme con los procedimientos y criterios de la norma ISO/IEC 17025, adicionalmente se deberá cumplir con los demás requisitos específicos que establezca la Universidad Autónoma de Manizales y la Superintendencia de Industria y Comercio (SIC).

TABLA DE CONTENIDO

1. INTRODUCCION

La acreditación en la Universidad Autónoma de Manizales busca realizar una reforma tanto en la estructura como en los procesos destinados a la prestación de servicios del laboratorio de Electrónica, Física y Control de la UAM, conforme a los objetivos estratégicos acordes a su Direccionamiento Institucional, teniendo en cuenta los parámetros manejados por la Superintendencia de Industria y Comercio (SIC) [1] y la Red Regional de Normalización Certificación y Metrología (RRNCM)[2].

El presente estudio, busca identificar la posibilidad de satisfacer las necesidades de la industria local y regional, a través del establecimiento de los recursos humanos, físicos y tecnológicos necesarios para el montaje de los laboratorios de Ensayo[3]. Dicho proceso de acreditación se realizará conforme con los procedimientos y criterios para Laboratorios de ensayos y calibraciones según la norma ISO/IEC 17025[4], adicionalmente se deberá cumplir con los demás requisitos específicos que establezca la Universidad Autónoma de Manizales y la Superintendencia de Industria y Comercio (SIC).

Para la puesta en marcha del proceso de acreditación, es necesario contar con un sistema de información adecuado que garantice el cumplimiento de las disposiciones legales y reglamentarias sobre metrología e integrarlo como Laboratorio acreditado en ensayo de acuerdo con los niveles de exactitud que se tengan asignados, estandarizando así los métodos y procedimientos de medición con la ayuda de la norma ISO/IEC[5] 17025[6], la cual es especifica para llevar a cabo la acreditación en

---

[1] Vela por el cumplimiento de requisitos y por la buena utilización de Sistemas de Calidad en instituciones con características importantes como lo son la Acreditación, este es un organismo de acreditación, el cual permite que los resultados de ensayos y mediciones, así como los certificados de conformidad que se emitan en el país, tengan validez en el ámbito internacional.

[2] Integrada por: Gobernaciones de los departamentos de Caldas, Risaralda y Quindío, Cámaras de Comercio de Manizales, Pereira y Quindío, Sena en sus regionales Caldas, Risaralda y Quindío, Universidades Nacional de Colombia sede Manizales, Tecnológica de Pereira y Quindío, Fundación universidad empresa de caldas.

[3] Método por el cual se determinan características principales en un elemento, sustancia, proceso, etc.

[4] Criterios generales para la competencia de los laboratorios de ensayo y de calibración.

[5] ISO (Organización Internacional de Normalización) e IEC (Comisión Electrotécnica Internacional) forman el sistema especializado para la normalización y acreditación mundial.

laboratorios de Ensayo y/o Calibración, involucrando también a este proceso la norma técnica colombiana (NTC) 10012[7], la cual es bastante útil en para el fortalecimiento del sistema de gestión para la medición.

Cabe notar que, "El laboratorio acreditado en ensayo participa en el intercambio de desarrollos metrológicos con organismos nacionales e internacionales y establece relaciones de colaboración e investigación metrológica con gobiernos, instituciones, organismos y empresas tanto nacionales como extranjeras."[8]

En un sistema de gestión de las mediciones referente a la acreditación del laboratorio de electrónica se debe incluir la aplicación de patrones de medición[9], los cuales permitirán dar fe de las medidas tomadas con un respectivo instrumento, además dicho sistema cuenta con grupos de investigación capacitados en el área de metrología, capaces de prestar servicios tanto para la comunidad universitaria de Manizales como para la industria de la misma ciudad.

Para que dichos laboratorios presten los servicios requeridos por la norma ISO/IEC 17025[10], deben contar con la actualización y revisión adecuada de manuales y hojas de vida de sus equipos e instrumentos, lo cual hace parte de la gestión técnica y confirmación metrológica[11], además de esta gestión, el mismo estudio de factibilidad ofrece mejorar las no conformidades existentes en los equipos del laboratorio como en los mismos componentes, ajustándolos así a la normatividad requerida.

Para que el presente proyecto garantice un buen avance en el proceso en vías a la acreditación se debe contar con todos los registros y documentación requeridos, en los cuales se hagan evidentes los controles asignados a los equipos de medición en

---

[6] Criterios generales para la competencia de los laboratorios de ensayo y de calibración. elaborada por la ISO (Organización Internacional de Estandarización) e IEC (Comité Internacional de Electrotecnia), se actualiza en el 2005-05-15 (Segunda Edición).

[7] Sistema de gestión de la medición, requisitos para los procesos de medición y los equipos de medición

[8] Entidades Acreditadas [Información en Línea]. Bogotá, (Colombia). Superintendencia de Industria y Comercio (SIC). Disponible en internet en: < www.sic.gov.co/Informacióndeinterés>.

[9] Instrumentos referencia para la realización del control en equipos de menor exactitud en la medición.

[10] Criterios generales para la competencia de los laboratorios de ensayo y de calibración. elaborada por la ISO (Organización Internacional de Estandarización) e IEC (Comité Internacional de Electrotecnia), se actualiza en el 2005-05-15 (Segunda Edición).

[11] Excelente estado de los instrumentos de medición en procesos críticos y con alta frecuencia de uso.

variables eléctricas, además de las calibraciones respectivas de los instrumentos y la detección de las principales fuentes de error en los laboratorios, permitiendo obtener resultados concretos en los análisis y mediciones certeras de diversas señales análogas y digitales requeridas por sus usuarios, tanto para sus prácticas académicas como para el adelanto e implementación de sus proyectos de desarrollo e investigación, ejemplo de estas practicas académicas son las realizadas en los módulos del laboratorio de control, el módulo de potencia entre otros.

2. PLANTEAMIENTO DEL PROBLEMA

Establecer la factibilidad técnica y administrativa, con miras a la estandarización de procesos a nivel de calibración y/o ensayo, teniendo como referencia patrones de precisión aceptados por la norma ISO/IEC 17025[12] Y LA NORMA TECNICA COLOMBIANA 10012[13], portando así un sistema de gestión dela medición y generando resultados técnicamente válidos por la SIC[14].

3. JUSTIFICACION

Teniendo en cuenta los lineamientos de la actual política mundial de globalización de mercados, se hace preciso aplicar mecanismos para el mejor aprovechamiento de los recursos de la producción, con el fin de obtener mayor calidad y por consiguiente permitir la competencia de bienes o servicios producidos, de acuerdo a estándares internacionales. De ahí la importancia de implementar un sistema acreditado[15] que brinde credibilidad y confianza en el servicio a ofrecer, como lo es la educación y ensayos de dispositivos externos realizados a entidades y empresas del eje cafetero que así lo requieran, generando así calidad en cada una de las actividades desarrolladas en las mismas instalaciones.

Dentro del proceso de acreditación se deben establecer patrones básicos de estandarización metrológica y de calibración para el desarrollo investigativo dentro de la Universidad, puesto que todo proyecto de investigación y desarrollo contiene componentes experimentales los cuales requieren de equipos especializados que deben cumplir con todas las especificaciones de instrumentación, además de una

---

[12] Criterios generales para la competencia de los laboratorios de ensayo y de calibración, elaborada por la ISO (Organización Internacional de Estandarización) e IEC (Comité Internacional de Electrotecnia), se actualiza en el 2005-05-15 (Segunda Edición).

[13] Sistema de gestión de la medición, requisitos para los procesos de medición y los equipos de medición

[14] Superintendencia de industria y comercio

[15] Conjunto de actividades, procesos, personas y herramientas que ayudan a la conformación de cualquier organización en busca de su calidad.

óptima calibración y previa verificación del estado del mismo; todo esto para buscar eficiencia[16] y eficacia[17] en el momento del desarrollo de pruebas, obteniendo así el resultado esperado.

Los presentes laboratorios le permitirán a la comunidad académica y científica desarrollar actividades específicas en sus proyectos, obteniendo resultados más precisos y garantizando así de estos un alto porcentaje de confiabilidad.

El proceso en el cual se involucra la acreditación como proyecto de grado se realiza conforme a los requerimientos legales y normas técnicas de calidad, además cuenta con el personal capacitado a nivel metrológico para la realización del mismo, evidenciando las practicas respectivas al diagnostico y la buena calibración de los equipos existentes en la universidad obteniendo como resultado la correspondiente confirmación metrológica de los equipos e instrumentos existentes en el laboratorio.

La acreditación de los laboratorios de la facultad de ingenierías es necesaria, ya que gracias a esta se alcanza una notoria reducción de riesgos, permitiendo al laboratorio determinar si está realizando su trabajo correctamente y de acuerdo a las normas apropiadas de seguridad, tanto para las personas como para los equipos y demás componentes; además de esto con la certificación como laboratorio acreditado se obtiene aún mas confianza como institución educativa prestando así servicios de alta precisión.

Como primera etapa en el proyecto de Acreditación de Laboratorios es necesario poner en marcha un estudio técnico, el cual busca identificar la posibilidad de satisfacer una necesidad de la industria local y regional, a través del establecimiento de los recursos humanos, físicos y tecnológicos necesarios para el montaje de los laboratorios de ensayo y calibración en la Universidad Autónoma de Manizales como una forma de vinculación con el sector productivo.

La acreditación constituye uno de los aportes que debe hacer la Universidad al sector productivo brindando apoyo en cuanto a servicios de Ensayos Industriales; y de esta

---

[16] Alcanzar el cumplimiento de objetivos trazados haciendo uso de los recursos necesarios, optimizando así al máximo cualquier tipo de proceso.

[17] Alcanzar el cumplimiento de objetivos trazados sin importar el tiempo en que se tarde para lograrlo, ni la manera de hacerlo.

manera contribuir al desarrollo del aparato productivo local y nacional el cual consolida la relación Universidad-Empresa.

El presente proyecto desarrollado con fines a la acreditación, pretende mostrar una alternativa de solución a necesidades que tienen tanto la comunidad universitaria como la industrial, en cuanto a ensayo de procesos en los cuales intervienen equipos e instrumentos destinados a medir, determinando así el potencial con el que cuenta la Universidad Autónoma de Manizales para el establecimiento de estos mecanismos; cumpliendo así mismo con objetivos institucionales de investigación y prestando servicios a la comunidad en general de las diferentes ciudades que así lo requieran.

La importancia de la acreditación de laboratorios de ensayo y calibración se basa fundamentalmente en obtener reconocimiento ante la Superintendencia de Industrial y Comercio, brindándole así credibilidad a los clientes y confianza en la competencia técnica de los procesos llevados a cabo en dichos laboratorios.

La palabra acreditación abarca en su entorno nuevas oportunidades de mercado, reservado solo para aquellos laboratorios que consiguen demostrar su competencia técnica. Es así que por medio de esta acreditación lograda gracias al aporte de las normas ISO/IEC 17025[18] y 10012[19], se tendrán nuevas oportunidades de mercado, reservado solo para aquellos laboratorios que consiguen demostrar su competencia técnica, aumentando así la confianza de los clientes en los resultados de los ensayos.

El laboratorio de ensayo a implementar en la Universidad Autónoma de Manizales podrá apoyar servicios de ensayo y calibración a los patrones de medición de los laboratorios, centros de investigación o a la industria, cuando estos no puedan ser proporcionados por los laboratorios que conforman la red; además de participar en el intercambio de desarrollos metrológicos en busca de la calidad con organismos nacionales e internacionales y establecer relaciones de colaboración e investigación metrológica con gobiernos, instituciones, organismos y empresas tanto nacionales como extranjeras.

---

[18] Criterios generales para la competencia de los laboratorios de ensayo y de calibración, elaborada por la ISO (Organización Internacional de Estandarización) e IEC (Comité Internacional de Electrotecnia), se actualiza en el 2005-05-15 (Segunda Edición).

[19] Sistema de gestión de la medición, requisitos para los procesos de medición y los equipos de medición

La importancia de contar con laboratorios acreditados está determinada, porque sus características permiten certificar los ensayos; cumpliendo la función que actualmente realiza la Superintendencia de Industria y Comercio u organismos acreditados adscritos a ella, garantizando la trazabilidad de las calibraciones y evitando el envío de equipos a otras ciudades con los costos y tiempo que ello implica.

4. OBJETIVOS

4.1 OBJETIVO GENERAL GRUPO DE INVESTIGACION:

Acreditar los laboratorios de Electrónica, Física y Control de la Facultad de Ingenierías de la Universidad Autónoma de Manizales de acuerdo a lo requerido por la Norma ISO/IEC 17025 (Criterios generales para la competencia de los laboratorios de ensayo y de calibración), brindando así estándares de calidad en sus equipos, instrumentos y procesos para la prestación de servicios a la comunidad académica, investigativa e industrial de las diferentes ciudades del territorio colombiano que así lo requieran.

4.2 OBJETIVOS ESPECÍFICOS PRIMERA FASE:

Los objetivos específicos del presente proyecto están divididos en tres fases, la primera fase es el diagnóstico a nivel de equipos e instrumentos en los cuales se realiza la respectiva verificación tanto del estado físico como técnico de los mismos; dicha verificación se centra en las características principales que denotan el correcto funcionamiento de los elementos involucrados en el análisis. La presente fase cuenta dentro de la misma con tres equipos de trabajo (Gestión Técnica, Gestión de Calidad e Higiene y Seguridad Industrial), los cuales están conformados cada uno por dos estudiantes. Dentro de los objetivos del equipo Nro 1 (Gestión Técnica) se cuenta con:

- Realizar la capacitación necesaria en el SENA para adquirir los conocimientos necesarios acerca de cómo acreditar laboratorios haciendo uso de la norma ISO/IEC 17025.

- Identificar detalladamente cada uno de los instrumentos, equipos y componentes de gran utilidad y alta frecuencia de uso existentes en el laboratorio de Electrónica de la Facultad de Ingenierías de la Universidad Autónoma de Manizales. Dicha frecuencia de uso se determinó por medio de observación, en la cual se evidenció que los estudiantes utilizan con mayor frecuencia los mismos equipos e instrumentos a la hora de realizar sus montajes, como lo es el uso de osciloscopio, multímetro y generador de señales.

- Realizar el respectivo inventario metrológico de los instrumentos y equipos útiles existentes en el laboratorio de electrónica.
- Elaborar la hoja de vida de cada uno de los instrumentos, equipos y componentes útiles que forman parte del laboratorio de Electrónica de la UAM.

- Ejecutar en el Laboratorio de Electrónica de la Facultad de Ingenierías de la UAM un diagnóstico de no conformidades existentes en los instrumentos, equipos y componentes de dicho laboratorio.

- Construir en formato digital las guías y hojas de especificaciones de los instrumentos, elementos y componentes utilizados en el laboratorio de electrónica.

4.3 OBJETIVOS ESPECÍFICOS SEGUNDA FASE:

Conformar el sistema de gestión de la medición a nivel de procedimientos y equipos, incluyendo características metrológicas e instrumentales dentro del ambiente del laboratorio de electrónica de la Universidad Autónoma de Manizales.

- Determinar las actividades que deben seguirse en el manejo de los equipos e instrumentos, para asegurar que los instrumentos de medición del laboratorio de electrónica de la Universidad Autónoma de Manizales se encuentran dentro de las condiciones establecidas para su uso.

- Dar cumplimiento al control de las no conformidades, dando de baja a los equipos en mal estado existentes en el laboratorio de electrónica.

- Identificar los instrumentos y procedimientos críticos existentes en el laboratorio de electrónica y actualizar las hojas de vida de los equipos de medición en corriente eléctrica.

- Ejecutar actividades de control, realizando la confirmación metrológica a nivel de equipos e instrumentos actuadores en las mediciones y aplicaciones electrónicas.

- Determinar equipos patrones en el laboratorio para futuras actividades de control, como lo son osciloscopio, multímetro, generador de señales.

- Determinar la clase de los equipos de medición existentes en el laboratorio de electrónica.

- Realizar el respectivo control de documentos que respalde la gestión realizada hacia el proceso de acreditación.

5. ANTECEDENTES

Los siguientes laboratorios están acreditados bajo el Sistema Nacional de Normalización, Certificación y Metrología y dentro del marco de las funciones asignadas en el decreto 2153 de 1992.

La acreditación se realiza conforme con los procedimientos y criterios para Laboratorios de ensayos y calibraciones según la Norma ISO/IEC 17025[20], adicionalmente, se debe cumplir con los demás requisitos específicos que establezca la Superintendencia de Industria y Comercio contenidos con las guías ISO-58[21] e ISO 17011[22].

Cada uno de los sistemas acreditados están implementados bajo normas que resaltan la calidad en la prestación de servicios de los mismos, así pues las practicas llevadas a cabo en los siguientes laboratorios son de excelente calidad y confiabilidad, gracias a su optimo cumplimiento y certificación.

5.1 Laboratorio de Bombillas: Universidad Nacional de Colombia - Sede Bogotá.

Con este Laboratorio la Universidad Nacional de Colombia cuenta con uno de los más modernos laboratorios fotométricos a nivel mundial para la medida de la intensidad y el flujo de las fuentes de luz y de las características electromecánicas de los diferentes componentes y accesorios de las luminarias, mediante la realización de ensayos tipo y de rutina, aplicables de acuerdo con normas Nacionales o Internacionales. Este Laboratorio es utilizado para proyectos de investigación, programas de control de calidad de las luminarias (tanto de las de fabricación nacional como de las importadas), de los balastos, condensadores, arrancadores y demás accesorios, también para realizar estudios que permitan la optimización del diseño de instalaciones de iluminación. Se apoyará así a la Industria Nacional y se reducirán los

[20] Criterios generales para la competencia de los laboratorios de ensayo y de calibración, elaborada por la ISO (Organización Internacional de Estandarización) e IEC (Comité Internacional de Electrotecnia), se actualiza en el 2005-05-15 (Segunda Edición).

[21] Guía ISO/IEC 58:1993, Sistemas de acreditación de laboratorios de ensayo y calibración — Requisitos generales para la gestión y el reconocimiento.

[22] ISO/IEC 17011, Evaluación de la conformidad — Requisitos generales para los organismos de acreditación que realizan la acreditación de organismos de evaluación de la conformidad

niveles de pérdidas por factores de iluminación en beneficio del Sector Eléctrico Nacional y de los usuarios en general.

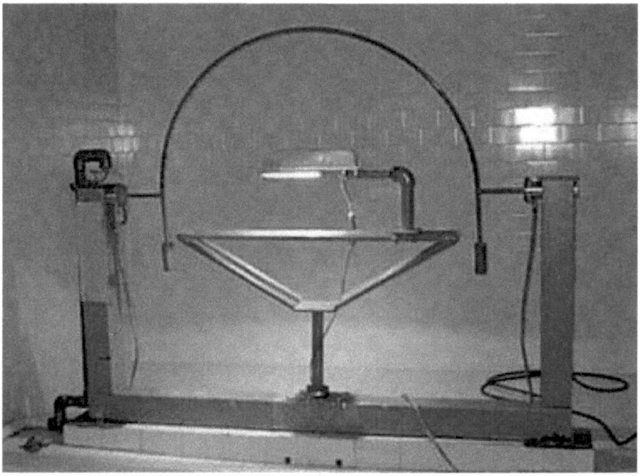

Figura 1. Laboratorio de iluminación[23]

Se podrá realizar la evaluación de los diseños y de la eficiencia de los sistemas de iluminación existentes con miras a la conservación de la energía, proyectos de investigación y capacitación.

5.1.1 Equipos que conforman el laboratorio de bombillas:

5.1.1.1 Fotogoniómetro automatizado equipado de un espejo con rotación entre 0 y 180 grados alrededor de su eje horizontal, permite obtener medidas con errores menores a 0.1 grados en ángulo y distorsiones inferiores al 2%.

5.1.1.2 Esfera integradora automatizada de 2 metros de diámetro, cuenta con los medios para medir y registrar la temperatura durante el tiempo de la duración de las pruebas.

5.1.1.3 Medidores fotométricos de alta exactitud.

5.1.1.4 Analizador de Potencia de alta exactitud.

[23] Tomado de la Universidad Nacional de Colombia Facultad de Ingeniería Departamento de Ingeniería eléctrica.

5.1.1.5 Modulo automatizado para ensayos de bombillas incandescentes.

5.1.1.6 Cámara de Lluvia.

5.1.1.7 Cámara de Niebla Salina.

5.1.1.8 Máquina de Vibración.

5.1.2 Listado de ensayos del laboratorio de iluminación:

5.1.2.1 Fotometría.

5.1.2.2 Torsión y Dimensionales.

5.1.2.3 Flujo Luminoso .

5.1.2.4 Humedad.

5.1.2.5 Hermeticidad.

5.1.2.6 Factor de Cresta (Balastos).

5.1.2.7 Calentamiento.

5.1.2.8 Endurecimiento Térmico de Devanados (Balastos)

5.1.2.9 Vibración-Resistencia Mecánica.

5.1.2.10 Capacidad de Conexión (Fotocontroles).

5.1.2.11Medición de Parámetros Eléctricos.

5.1.2.12 Duración de Contactos (Fotocontroles).

5.1.2.13 Corrosión.

5.1.1.14 Espesor de Capa de Recubrimiento sobre Materiales Ferrosos.

5.2 Laboratorio de alta tensión. Universidad Nacional de Colombia - Sede Bogotá.

Dentro de los laboratorios independientes, el Laboratorio de Alta Tensión de la Universidad Nacional es el mejor dotado en el país y el tercero a nivel Latinoamericano. Es idóneo para la realización de ensayos y análisis de control de calidad

En este laboratorio se realizan pruebas dieléctricas hasta 850 kV para equipos de transformación, protección e interrupción de energía eléctrica, y a descargadores y dispositivos de interrupción de corriente hasta de 100 kA.

Figura 2. Laboratorio Alta tensión.[24]

5.2.1 Equipos componentes del laboratorio de tensión:

5.2.1.1 Generador de Impulso de Voltaje 1000 kV (30 kJ)

5.2.1.2 Generador de Impulso de Corriente 100 kA (100 kV)

5.2.1.3 Equipo de Medición de Capacidad y Tangente d de 0 a 120 pF (12 kV)

5.2.1.4 Detector de Voltaje de RIV de 0 a 1000 µV

5.2.1.5 Equipo para Medición de Descargas Parciales y RIV de 50 a 150 kV

5.2.1.6 Equipo Modular de Prueba AC-DC-Impulso (100-200-400 kV respectivamente)

5.2.1.7 Equipo para Pruebas AC de 125 kV, 2 A, 150 kVA.

---

[24] Tomado de la Universidad Nacional de Colombia Facultad de Ingeniería. Departamento de Ingeniería eléctrica

5.2.2 Listados de ensayos del laboratorio de alta tensión:

5.2.2.1 Ensayos a Transformadores hasta 34.5 kV, 5 MVA y materiales hasta 115 kv

5.2.2.2 Impulso Atmosférico (800 kV)

5.2.2.3 Medición de Capacidad y Tangente d

5.2.2.4 Impulso de Corriente (100 kA)

5.2.2.5 Tensión Aplicada a Frecuencia Industrial

5.2.2.6 Medición de Descargas Parciales y de Voltaje de Radiointerferencia (RIV)

5.3 Laboratorio termoeléctrico Universidad Nacional de Colombia - Sede Bogotá.

En el laboratorio de ensayos termoeléctricos se practican ensayos de alta corriente a frecuencia industrial y DC, con el objeto de tomar medidas de conductividad, verificar conformidad y buen funcionamiento de protecciones contra sobrecorriente y determinación de niveles de capacidad de corriente y temperatura de conductores y conectores eléctricos.

Figura 3. Laboratorio termoeléctrico.[25]

5.3.1 Listado de ensayos efectuados en el laboratorio termoeléctrico:

5.3.1.1 Medición de Resistencia, Conductividad y Resistividad Eléctrica de Materiales Conductores y Semiconductores.

5.3.1.1 Medición de Resistencias de Contactos en Equipos de Conexión y/o protección.

[25] Tomado de la Universidad Nacional de Colombia Facultad de Ingeniería Departamento de Ingeniería eléctrica

5.3.1.1 Ensayos de Calentamiento Cíclico.

5.3.1.1 Ensayos de Calentamiento Estático.

5.3.1.1 Ensayos de Dispositivos y Equipos de Interrupción o Corte de Energía Eléctrica; Interruptores electromecánicos, Termo magnéticos, Bimetálicos, Seccionadores, Fusibles.

5.3.1.1 Ensayos de Conmutación y Apertura-Cierre de Contactos.

5.3.1.1 Pruebas de Pérdidas Térmicas por Corrientes Eléctricas.

6. MARCO TEORICO

ACREDITACION: GARANTÍA DE LA COMPETENCIA TÉCNICA A TRAVÉS DE LA NORMA INTERNACIONAL ISO/IEC 17025 y la NORMA TECNICA COLOMBIANA 10012

La acreditación es el proceso mediante el cual la Superintendencia de Industria y Comercio da fe de las prácticas realizadas en los laboratorios tanto de Ensayo como de Calibración.

Dicho proceso concedido por un organismo de acreditación reconocido se constituye, con base en prácticas internacionales, en la forma más efectiva de demostrar la competencia técnica del laboratorio, mostrando evidencias de la credibilidad de los servicios que realiza y eliminando la necesidad de múltiples evaluaciones realizadas por sus clientes.

La norma 17025 trata sobre los requisitos generales para la competencia de los laboratorios de Ensayo y de Calibración, esta fue publicada en 1990 como un conjunto, acordado en el ámbito internacional, de requisitos técnicos y de sistema de la calidad aplicable a laboratorios que realizan calibraciones y/o ensayos. A finales del año 1999, esta Guía ha sido reemplazada por la Norma Internacional ISO/IEC 17025[26] la cual forma la base para la acreditación de laboratorios en el futuro.

Dicha norma incluye muchos de los criterios contenidos dentro de las Norma ISO[27] 9001[28], esta ha sido preparada específicamente tomando en cuenta las actividades de los laboratorios de ensayo y calibración, haciendo énfasis en los elementos que conforman un sistema de la calidad, una buena organización y en los temas de competencia técnica pertinentes a las operaciones de un laboratorio.

Para llevar a cabo la acreditación de los laboratorios de ensayo en la universidad autónoma de Manizales, es necesario cumplir con un sin numero de requisitos los

---

[26] Criterios generales para la competencia de los laboratorios de ensayo y de calibración, elaborada por la ISO (Organización Internacional de Estandarización) e IEC (Comité Internacional de Electrotecnia), se actualiza en el 2005-05-15 (Segunda Edición).

[27] Organización Internacional de Estandarización

[28] 9001: Requisitos generales para conformar un Sistema de Gestión de Calidad.

cuales en el transcurso de los años se han ido modificando para lograr la mejora en cada uno de los Sistemas de Calidad tanto de las empresas como de las instituciones prestadoras de estos servicios educativos. Es por esta razón que hoy en día los laboratorios acreditados en Colombia cuentan con un óptimo Sistema de Calidad, obteniendo día tras día confianza y credibilidad del bien o servicio por parte de sus respectivos clientes.

En términos más comunes; la acreditación es un reconocimiento formal de la competencia del laboratorio, esta acreditación no especifica variable a trabajar, es responsabilidad de la entidad que se desea acreditar contar con procesos los cuales sean de alto grado de utilidad, además de obtener mecanismos, sistemas e instrumentos los cuales sean útiles en el manejo, manipulación y operación de cada una de las variables a las que se les implementará dicha acreditación.

En la Universidad Autónoma de Manizales se implementará la acreditación del laboratorio en prácticas de ensayo, la cual a partir de la norma ISO/IEC 17025 esta basado en cumplimientos, procedimientos de ensayo, métodos propios para sus prácticas y muy importante son los acuerdos entre clientes y laboratorio para la realización óptima de las respectivas tareas de ensayo, tomando estos clientes como los mismos estudiantes del plantel educativo o personas del sector industrial.

La presente norma de acreditación de laboratorios contiene en su documento requisitos obligatorios (los debe)[29], estos requisitos se deben cumplir en su totalidad para que se pueda dar la acreditación. Las notas que se incluyen en la norma proporcionan aclaraciones del texto, ejemplos y orientación, estas notas no contienen requisitos y no forman parte integral de esta Norma Internacional.

El capítulo 4 de la norma 17025[30] establece los requisitos para una gestión de calidad sólida, por otra parte el capítulo 5 establece los requisitos para la competencia técnica en los tipos de ensayos o de calibraciones que el laboratorio lleva a cabo, estos son capítulos de suma importancia en la implementación de dichos laboratorios, además se deben cumplir cada uno de los requisitos (los debe) con suma meticulosidad.

---

[29] Requisitos de tipo obligatorio como tareas, procesos, documentación, modelos a cumplir a fines de la Acreditación.

[30] Criterios generales para la competencia de los laboratorios de ensayo y de calibración, elaborada por la ISO (Organización Internacional de Estandarización) e IEC (Comité Internacional de Electrotecnia), se actualiza en el 2005-05-15 (Segunda Edición).

En un proceso de acreditación o de implementación de un sistema de gestión de calidad en las mediciones a nivel eléctrico, es necesario hacer participes de dicho proceso los lineamientos correspondientes a las diferentes normas que contribuyen a la buena organización, generando como resultado calidad y un optimo funcionamiento del sistema estructural. En la figura 4 se observa la estructura de cumplimiento vinculada a la norma internacional 17025.

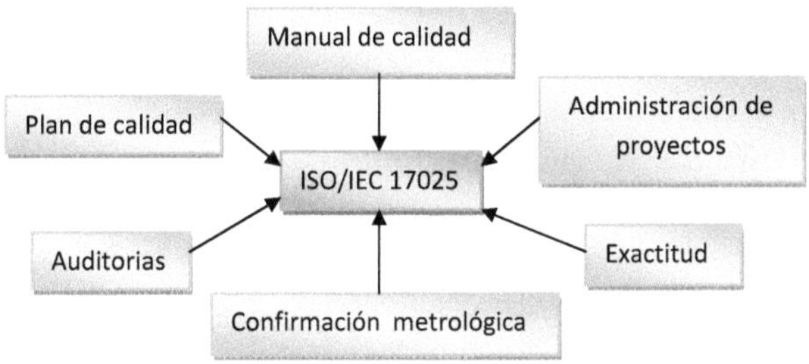

Figura 4. Componentes fundamentales en la Acreditación de Laboratorios de Ensayo y Calibración[31] bajo la norma NTC 17025.

La norma 17025 es aplicable a todos los laboratorios, independientemente de la cantidad de empleados o de la extensión del alcance de las actividades de ensayo o de calibración. Cuando un laboratorio no realiza una o varias de las actividades contempladas en esta Norma Internacional, tales como el muestreo o el diseño y desarrollo de nuevos métodos, los requisitos de los apartados correspondientes no se aplican.

La acreditación del laboratorio tiene estrecha relación con la RRNCM[32], pues esta contribuye al fortalecimiento de las capacidades tecnológicas del sector productivo regional a través del enlace del SNNCM[33] y la SIC[34] con los organismos de inspección, laboratorios de ensayos y calibración, laboratorios de metrología y los organismos de certificación existentes en la región.

[31] Tomada del Centro Nacional de Metrología en México.(CENAM)

[32]Red regional de Normalización, Certificación y Metrología.

[33] Sistema nacional de Normalización, Certificación y Metrología

[34] Superintendencia de Industria y Comercio

Teniendo en cuenta que la Metrología hace parte importante en el proceso de acreditación, se hace necesario tener en cuenta patrones de medición los cuales nos darán confianza de cada una de las variables a medir y a manipular en procesos de ensayo, en este momento es donde la Metrología[35] toma un papel importante en tal proceso, pues las calibraciones[36] de los instrumentos se deben hacer de manera que las medidas realizadas con estos den resultados exactos.[37]

Un ejemplo de las variables que hoy en día tenemos en utilidad como laboratorios acreditados y en vía de acreditación en Colombia son el laboratorio de la corriente eléctrica situado en las instalaciones de la Universidad tecnológica de Pereira, el laboratorio de ensayo en descarga de pilas VARTA ubicado en el Municipio de Villamaría caldas, el laboratorio de temperatura y procesos químicos de toxicología los cuales están siendo implementados por la Universidad de Caldas para ensayos y solución de problemas criminalísticos.

En la puesta en marcha del proceso de acreditación, se debe partir de un estudio de mercado y un estudio técnico como lo han venido haciendo algunos laboratorios en Colombia, un ejemplo de esto es el laboratorio de Bombillas de la Universidad Nacional de Colombia - Sede Bogotá, el cual cuenta con una infraestructura adecuada para el porte de los diferentes equipos teniendo en cuenta las condiciones ambientales precisas en el medio, además cuenta con el personal capacitado para el manejo y mantenimiento del mismo.

Los laboratorios que han sido acreditados han pasado por un proceso determinado, este en si es el mismo para todos, lo único especifico es la manera de implementar la variable y sus respectivos procesos y medios de Ensayo y/o Calibración.

La integridad de un sistema de gestión y un sistema organizacional la conforman los aspectos vistos en la figura 5.

---

[35] Ciencia que estudia la medición, teniendo en cuenta instrumentos y métodos útiles para obtener el resultado de dicha variable medida.

[36]Procedimiento mediante el cual se pueden determinar errores o características metrológicas, comparando contra una referencia o patrón de medición.

[37] Es la capacidad que tiene un instrumento de dar valores muy cercanos o iguales al valor verdadero o valor de referencia.

Figura 5: Componentes integrales en un sistema acreditado y de calidad.

El sistema de acreditación realizado por los laboratorios hoy en día acreditados contiene los siguientes aspectos a evaluar:

6.1 ASPECTOS A EVALUAR PARA LLEGAR A LA ACREDITACION:

6.1.1 Preparación:

En esta etapa se debe preparar el laboratorio para que brinde resultados óptimos y exactos a la medida de sus funciones, teniendo en cuenta las especificaciones técnicas del mismo, dicha evaluación se realiza por medio de auditorias internas. La preparación debe ser bien planeada, teniendo en cuenta documentación, condiciones ambientales, estructura física, estado de equipos.

6.1.2 Solicitud:

Se debe enviar la respectiva solicitud a la Superintendencia de Industria y Comercio por medio de formularios de diligenciamiento, entre los cuales están solicitudes como la solicitud de acreditación de organismos de certificación, solicitud de acreditación de organismos de certificación de sistemas de gestión de calidad, solicitud de acreditación de organismos de certificación de personal, solicitud de acreditación de laboratorios de ensayos, etc.

6.1.3 Evaluación de documento:

La SIC[38] evalúa además del formulario de solicitud, documentos adjuntos en donde van las especificaciones del contenido del laboratorio y de los instrumentos útiles en la práctica de Calibración y/o Ensayo, en este documento se tiene en cuenta las condiciones físicas, ambientales y estado de los equipos, además del personal a cargo del laboratorio, el cual debe contar con certificados que lo respalden para el manejo del recinto.

6.1.4 Evaluación del sitio:

Inmediatamente después de la evaluación de todos los documentos existentes en donde se dan cumplimiento de la norma ISO/IEC 17025, se da paso a la respectiva evaluación en el sitio de trabajo, en donde se van a llevar a cabo las respectivas practicas de Calibración y/o Ensayo.

En la evaluación del lugar de trabajo están presentes un evaluador técnico y un evaluador documental, los cuales ponen en marcha dicho proceso anotando y observando resultados.

6.1.5 Mantenimiento:

Los encargados de laboratorio están en la obligación de realizar el mantenimiento respectivo a dichos recintos, siendo monitoreados por la SIC.

6.1.6 Organización:

Se debe constituir la respectiva entidad jurídica en la cual es de suma importancia la Confidencialidad la cual trata sobre los secretos profesionales, manteniéndose estos en forma anónima frente a los clientes, la organización debe contar con Imparcialidad con su respectivo personal e Independencia con todos los servicios a prestar.

6.1.7 La imparcialidad, independencia e integridad:

El organismo y su personal no deben estar sometidos a presiones comerciales, financieras o de otro tipo.

---

[38] Superintendencia de Industria y Comercio. Vela por el cumplimiento de requisitos y por la buena utilización de Sistemas de Calidad en instituciones con características importantes como lo son la Acreditación, este es un organismo de acreditación, el cual permite que los resultados de ensayos y mediciones, así como los certificados de conformidad que se emitan en el país, tengan validez en el ámbito internacional.

El organismo no debe hacerse cargo de ninguna otra actividad que pueda desmeritar la confianza y la independencia en la ejecución de los servicios.

La remuneración del personal no dependerá ni del nombre del solicitante ni de los resultados de los servicios.

En los casos en que los productos son ensayados por organismos que participan en su concepción, producción o venta, deberá existir una clara repartición de las diferentes responsabilidades y una declaración apropiada de tal hecho.

En la figura 6 se identifican cada uno de los factores que influyen en un sistema y proceso de acreditación como resultado de la misma.

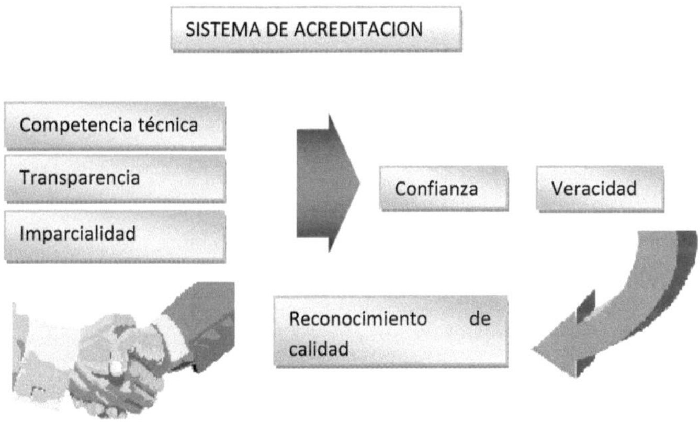

Figura 6: Componentes y factores influyentes en un proceso de acreditación.

6.2 SISTEMA DE GESTIÓN DE CALIDAD (SGC):

En este SGC se determinan procesos y actividades a realizar, se documenta el sistema en su totalidad, pues en el campo de la calidad lo que no esta escrito no existe, además se realiza la implementación de los procesos a partir de los objetivos a alcanzar y por ultimo se debe realizar el proceso respectivo para lograr que dicho sistema se mantenga, revisando sistemática y periódicamente el mismo.

6.3 COMPETENCIA TÉCNICA:

En este punto el laboratorio cuenta con la habilidad para demostrar actitudes y aptitudes en cuanto a personal se refiere, contando este con el conocimiento suficiente para demostrarlo.

Los equipos y procesos deben se idóneos, contando con capacidad de medición, en los procesos debe estar definidas sus especificaciones.

El laboratorio debe contar con las condiciones ambientales respectivas a su funcionamiento, como lo son aseguramiento de equipos ante humedad relativa, polvo y demás situaciones ambientales.

Llevando a cabo la Acreditación, la norma ISO/IEC 17025 cuenta con una serie de requisitos, entre los cuales se vinculan los de gestión que corresponden a los requisitos para la certificación del sistema de calidad, mientras que la sección técnica describe los requisitos para el personal, instalaciones y condiciones ambientales, equipos, procedimientos, garantía de calidad e informes y en general los aspectos metrológicos.

Los laboratorios acreditados debe contar con un sistema de información adecuado que garantice el cumplimiento de las disposiciones legales y reglamentarias, sobre pesas, medidas y metrología e integrarlo como Laboratorio acreditado a la red de metrología de laboratorios primarios y cadenas de calibración, de acuerdo con los niveles de exactitud que se tengan asignados, estandarizar los métodos y procedimientos de medición y calibración, además de establecer un banco de información para su difusión.

Es importante en el proceso de acreditación tener en cuenta y acatar los siguientes requisitos estipulados por la Norma ISO/IEC 17025[39]:

6.4 REQUISITOS RELATIVOS A LA GESTION[40]:

6.4.1 Organización:

6.4.1.1 El laboratorio o la organización de la cual es parte, debe ser una entidad con responsabilidad legal, en este caso si cumple por ser de la UAM.

6.4.1.2. Es responsabilidad del laboratorio realizar sus actividades de ensayo y de calibración de modo que se cumplan los requisitos de la Norma Internacional 17025 y

---

[39] Criterios generales para la competencia de los laboratorios de ensayo y de calibración, elaborada por la ISO (Organización Internacional de Estandarización) e IEC (Comité Internacional de Electrotecnia), se actualiza en el 2005-05-15 (Segunda Edición).

[40] Tomado de la Norma ISO/IEC 17025 (Criterios generales para la competencia de los laboratorios de ensayo y de calibración), clausula # 4 (Requisitos relativos a la gestión).

se satisfagan las necesidades de los clientes, autoridades reglamentarias u organizaciones que otorgan reconocimiento.

6.4.1.3. Si el laboratorio es parte de una organización que desarrolla actividades distintas de las de ensayo o de calibración, se deben definir las responsabilidades del personal clave de la organización que participa o influye en las actividades de ensayo o de calibración del laboratorio, con el fin de identificar potenciales conflictos de intereses.

6.4.1.4. El laboratorio debe tener personal directivo y técnico que tenga, independientemente de toda otra responsabilidad, la autoridad y los recursos necesarios para desempeñar sus tareas, incluida la implementación, el mantenimiento y la mejora del sistema de gestión, y para identificar la ocurrencia de desvíos del sistema de gestión o de los procedimientos de ensayo o de calibración, e iniciar acciones destinadas a prevenir o minimizar dichos desvíos

6.4.2 Sistema de gestión:

6.4.2.1 El laboratorio debe establecer, implementar y mantener un sistema de gestión apropiado al alcance de sus actividades. El laboratorio debe documentar sus políticas, sistemas, programas, procedimientos e instrucciones tanto como sea necesario para asegurar la calidad de los resultados de los ensayos o calibraciones. La documentación del sistema debe ser comunicada al personal pertinente, debe ser comprendida por él, debe estar a su disposición y debe ser implementada por él.

6.4.2.2 Las políticas del sistema de gestión del laboratorio concernientes a la calidad, incluida una declaración de la política de la calidad, deben estar definidas en un manual de la calidad (o como se designe). Los objetivos generales deben ser establecidos y revisados durante la revisión por la dirección. La declaración de la política de la calidad debe ser emitida bajo la autoridad de la alta dirección.

6.5 REQUISITOS TÉCNICOS[41] :

6.5.1 Generalidades.

6.5.1.1 El grado con el que los factores contribuyen a la incertidumbre total de la medición difiere considerablemente según los ensayos (y tipos de ensayos) y

[41] Tomado de la Norma ISO/IEC 17025 (Criterios generales para la competencia de los laboratorios de ensayo y de calibración), Clausula # 5 (Requisitos Técnicos).

calibraciones (y tipos de calibraciones). El laboratorio debe tener en cuenta estos factores al desarrollar los métodos y procedimientos de ensayo y de calibración, en la formación y la calificación del personal, así como en la selección y la calibración de los equipos utilizados.

6.5.2 Personal.

6.5.2.1 La dirección del laboratorio debe asegurar la competencia de todos los que operan equipos específicos, realizan ensayos o calibraciones, evalúan los resultados y firman los informes de ensayos y los certificados de calibración. Cuando emplea personal en formación, debe proveer una supervisión apropiada. El personal que realiza tareas específicas debe estar calificado sobre la base de una educación, una formación, una experiencia apropiada y de habilidades demostradas, según sea requerido.

6.5.2.2 El laboratorio de electrónica debe disponer de personal legalmente empleado por el laboratorio como entidad independiente de la Universidad o que esté bajo contrato con él. Cuando utilice personal técnico y de apoyo clave, ya sea bajo contrato o a título suplementario, el laboratorio de electrónica de la UAM[42] debe asegurarse de que dicho personal esté en constante supervisión por medio de auditorias, mostrando competencia y trabajando de acuerdo con el sistema de gestión del laboratorio.

6.5.2.3 La dirección debe autorizar a miembros específicos del personal para realizar tipos particulares de muestreos, ensayos o calibraciones, para realizar los respectivos informes de ensayos y certificados de calibración. El laboratorio debe mantener registros de las autorizaciones pertinentes, de la competencia, del nivel de estudios y de las calificaciones profesionales, de la formación, de las habilidades y de la experiencia de todo el personal técnico, incluido el personal contratado. Esta información debe estar disponible y debe incluir la fecha en la que se confirma la autorización o la competencia.

6.5.3 Instalaciones y condiciones ambientales:

6.5.3.1 Las instalaciones en las que se realizan los ensayos o calibraciones deben ser independientes una de la otra, las fuentes de energía, la iluminación y las condiciones

[42] Universidad Autónoma de Manizales.

ambientales, deben facilitar la realización correcta de los ensayos o de las calibraciones.

El laboratorio debe asegurarse de que las condiciones ambientales no invaliden los resultados ni comprometan la calidad requerida de las mediciones. Se deben tomar precauciones especiales cuando el muestreo y los ensayos o las calibraciones se realicen en sitios distintos de la instalación permanente del laboratorio. Los requisitos técnicos para las instalaciones y las condiciones ambientales que puedan afectar a los resultados de los ensayos y de las calibraciones deben estar documentados.

6.5.3.2 El laboratorio debe realizar el seguimiento, controlar y registrar las condiciones ambientales según lo requieran las especificaciones, métodos y procedimientos correspondientes, o cuando éstas puedan influir en la calidad de los resultados. Se debe prestar especial atención, por ejemplo, a la esterilidad biológica, el polvo, la interferencia electromagnética, la radiación, la humedad, el suministro eléctrico, la temperatura, y a los niveles de ruido y vibración, en función de las actividades técnicas en cuestión. Cuando las condiciones ambientales comprometan los resultados de los ensayos o de las calibraciones, éstos se deben interrumpir.

7. METODOLOGIA

7.1 METODO CIENTIFICO:

7.1.1 Reconocer el problema:

Los laboratorios de la facultad de Ingenierías de la Universidad Autónoma de Manizales contienen instrumentos de gran utilidad y de última tecnología, los cuales en este momento no son aprovechados en un 100% por los alumnos ni por entidades externas que requieran de estos ya sea para aplicaciones en procesos educativos o de ámbito laboral, teniendo en cuenta que dichos equipos son necesarios en la implementación de procesos para el avance de la región. La acreditación de los laboratorios le daría a dichos instrumentos y componentes la posibilidad de ser utilizados de manera eficaz en procesos tanto industriales como universitarios, ayudando al fortalecimiento de los avances tecnológicos regionales.

7.1.2 Delimitar el problema:

El proceso de acreditación de cualquier institución contiene varias etapas, las cuales albergan variables que actúan en diferentes procesos como lo son en nuestro caso la corriente eléctrica, además se cuentan con variables derivadas como lo son la presión, temperatura entre otras.

Para delimitar el problema de acreditar, se debe tener claridad del porque y el para que se desea hacerlo, pensando primero en las aplicaciones futuras del laboratorio acreditado. La norma hace claridad ante estos procedimientos llevando en su contenido lo esencial para dar fe de la institución acreditada, así que la única que delimita el proceso es la norma a la que se esta sujeta en el momento de su desarrollo, sin olvidar los diferentes tipos de procedimientos llevados a cabo en dicha institución y de efectuar el proceso de acreditación correspondiente a la variable necesaria en las practicas.

7.1.3 Causas:

La Universidad Autónoma de Manizales tiene dentro de sus programas académicos carreras acreditadas como es el caso de Ingeniería Electrónica, a causa de esto se desea llevar a cabo la acreditación de sus laboratorios ya que la misma facultad cuenta con equipos e instrumentos los cuales están en la capacidad de prestar servicios de ensayo como así lo requiere la norma para acreditar.

Dicha acreditación se da a causa de los procesos que se implementan en la Institución educativa, por ende es necesario que dichos procesos estén acreditados brindando así confianza a cada una de las instituciones o industrias a nivel nacional, resaltando la calidad del programa de ingeniería electrónica en la Universidad Autónoma de Manizales.

7.1.4 Alternativa de Solución:

La única alternativa de solución es la implementación completa de lo estipulado por la norma ISO/IEC 17025[43] y la NTC 10012, teniendo en cuenta que se requiere de condiciones ambientales optimas en los procesos, de personal capacitado y de equipos que sirvan como referencia ante todos los procedimientos.

7.1.5 Aplicación:

Aplicar la norma es cumplir con todos y cada uno de los requisitos estipulados por la ISO[44] e IEC[45], además de una serie de visitas efectuadas por personal capacitado llevando consigo evaluaciones de cumplimiento y observaciones de procesos con sus respectivos resultados.

La aplicación del proceso de acreditación es la generación de mejores prácticas para el mejoramiento de la calidad a nivel regional en cuanto a procesos indispensables en el movimiento industrial y educativo.

7.1.6 Solución efectiva:

El procedimiento para alcanzar el objetivo principal el cual es la acreditación de los laboratorios se basa en el estudio de factibilidad previo, teniendo en cuenta un estudio de oferta y demanda, un estudio financiero, el estudio técnico y de personal. La solución más efectiva para alcanzar las metas trazadas, es el total cumplimiento de sistemas que conlleven a la excelente calidad en el bien o servicio brindado, controlando los instrumentos y equipos existentes en el laboratorio y manteniéndolos en excelentes condiciones de funcionamiento.

---

[43] Criterios generales para la competencia de los laboratorios de ensayo y de calibración, elaborada por la ISO (Organización Internacional de Estandarización) e IEC (Comité Internacional de Electrotecnia), se actualiza en el 2005-05-15 (Segunda Edición).

[44] ISO (Organización Internacional de Normalización).

[45] IEC (Comisión Electrotécnica Internacional) forman el sistema especializado para la normalización y acreditación mundial.

8. DESARROLLO

El desarrollo del proyecto se llevo así:

El primer semestre del año 2007 correspondió a procesos de investigación 1, materia en la cual se realizó el trabajo correspondiente a la primera etapa del proyecto, la cual se basó en el diagnostico a nivel de instrumentos, equipos y elementos electrónicos existentes en el laboratorio, donde se realizó la documentación necesaria de dicha información, esta etapa se explica de forma mas completa en el numeral 7.2.1.

En el segundo semestre del año 2007 correspondiente a procesos de investigación 2, se realizó la conformación del sistema de gestión de la medición dentro del laboratorio, obteniendo de estas prácticas excelentes resultados mostrados en el desarrollo técnico.

Para este segundo semestre se comenzó con la segunda fase del proceso de acreditación, dentro de la cual se logra la mejora del sistema de gestión de la medición a nivel de procedimientos y equipos, incluyendo actividades de control tales como verificación y calibración, obteniendo como resultado equipos de medición mas confiables y el acceso a patrones dentro del laboratorio.

Se realizó la documentación necesaria para cada uno de los procedimientos de control y resultados obtenidos con base en la norma ISO/IEC 17025 y la NTC 10012, además de la respectiva codificación, esta segunda fase se explica de manera mas detallada en el numeral 7.2.2

8.1 Diagnosticar e identificar las no conformidades existentes en los Laboratorios de la Facultad de Ingenierías haciendo uso del estudio de factibilidad:

Para lograr la identificación de las no conformidades existentes en el laboratorio de electrónica primero se realiza una inspección de cada uno de los instrumentos, equipos y componentes utilizados por los estudiantes en el mismo recinto, dicha inspección contiene el respectivo análisis del estado físico y del comportamiento ante pruebas realizadas como encendido, medición y puesta en marcha.

En el análisis realizado a los equipos de cómputo se analizó el estado de sus componentes y el estado de su sistema operativo identificando anomalías y carencia de hardware y de software (disco duro, memoria, puertos, periféricos y falta de controladores y de sistema operativo).

En los equipos de cómputo encontrados en el actual laboratorio de biomédica antes laboratorio de PLC, algunos de sus monitores no encendían o no se lograba identificar en la pantalla lo plasmado en ella y algunas CPU no trabajaban, al entrar a dicho laboratorio se evidenciaban partes de computadores sobre el piso en malas condiciones. A cada uno de estos equipos se les probó y se les realizó su respectivo inventario metrológico, además de etiquetarlos con un aviso (BUENO, MALO) o marcándolos con su respectiva observación. El mismo procedimiento se llevó a cabo en el almacén de electrónica donde se contaba con computadores bastante viejos de marca ACER.

Estos equipos ubicados en distintas salas, gracias a los resultados encontrados en el diagnostico técnico realizado, han sido dados de baja por el ingeniero encargado del laboratorio de Electrónica, física y Control de la Universidad Autónoma de Manizales, dando como resultado un mayor espacio para la realización de diferentes practicas educativas, la conformación y ubicación del laboratorio de biomédica, contando este con equipos nuevos y en excelentes condiciones físicas.

A cada uno de los equipos, componentes e instrumentos diagnosticados se le realizó la respectiva hoja de vida, dando codificación a estos y evidenciando sus características técnicas, de control y observaciones, además dentro de la misma hoja de vida se puede encontrar los manuales de usuario y las hojas de especificaciones técnicas necesarias para su óptimo funcionamiento.

El diagnóstico del presente trabajo se realizó conforme a los lineamientos de la Universidad Autónoma de Manizales, la Superintendencia de Industria y Comercio (SIC) y muy importante la norma ISO/IEC17025 teniendo en cuenta como primordial objetivo el cumplimiento de (sus deberes), resaltando las no conformidades identificadas durante el proceso.

En esta etapa de diagnostico técnico y físico de los equipos se logra realizar el muestreo total de los mismos, estos están vinculados al laboratorio y sirven como herramienta en las prácticas efectuadas a diario, como lo son computadores y elementos electrónicos situados en el almacén del laboratorio, los cuales son usados con mayor frecuencia en los montajes realizados por los estudiantes. De esta manera se observa y analiza el estado del laboratorio evidenciando equipos y elementos en mal estado y con características que definen un mal funcionamiento, seguidamente si es posible se realiza la respectiva reparación, además se llena como evidencia una lista donde están incluidos los equipos e instrumentos que son llevados a un plan para darles de baja como lo realiza la Universidad Autónoma de Manizales.

La codificación de los equipos e instrumentos se realiza acorde a la confirmación metrológica correspondiente a un sistema de gestión de la medición.

8.2 Mejora del sistema de gestión de la medición a nivel de procedimientos y equipos, incluyendo actividades de control y características metrológicas e instrumentales dentro del ambiente del laboratorio de electrónica de la Universidad Autónoma de Manizales.

En esta fase correspondiente al segundo semestre del 2007 se mejoran y actualizan cada una de las hojas de vida de los equipos, instrumentos y componentes creando un solo formato de hoja de vida, este es más completo que la hoja de vida anterior anexando la foto y demás características de control y de manejo, dejándolo como formato estándar de dicho registro.

Se identifican cada uno de los equipos, instrumentos y elementos críticos además de los procedimientos críticos existentes en el laboratorio, esto se realiza dependiendo de la frecuencia de uso. Dicha frecuencia de uso se especifica gracias a la observación en cuanto a cantidad en uso de proyectos y montajes efectuados en el laboratorio, posteriormente se estructura un documento guía en el cual el lector puede observar como se llevan a cabo las actividades de manejo y uso de los equipos de medición, dentro de este documento se encuentran las formas de conexión ante diferentes mediciones y la operatividad del mismo con sus respectivas características de funcionamiento. Cada uno de los documentos es acorde a la normatividad, exponiendo así su codificación.

Gracias a los conocimientos adquiridos en el SENA Regional Caldas en el curso de metrología, se realiza cada una de las actividades de control de los instrumentos críticos existentes en el laboratorio de la Universidad Autónoma de Manizales, dichas actividades corresponden a la confirmación metrológica[46] respectiva de los equipos e instrumentos más utilizados en el laboratorio como lo son los multímetros, osciloscopios, y generador de señales, los cuales corresponden a los instrumentos críticos ya antes identificados.

---

[46] Cumplimiento del instrumento o equipo ante prácticas de medición.

Antes de realizar la confirmación metrológica se diseña el programa de control, donde se encuentra el cronograma de actividades acordes al semestre, dichas actividades corresponden a la verificación, la calibración y el ajuste si es necesario.

Antes de comenzar con las respectivas calibraciones se hace necesario determinar la clase de cada uno de los instrumentos existentes en las hojas de vida, esto es para determinar cuales pueden ser calibrados y con que tipo de instrumento patrón, esta clase se determina con la siguiente formula:

CLASE= (DIV ESCALA/RANGO MEDICION)* 100

En el momento de la calibración se debe verificar la clase del instrumento patrón y la clase del instrumento a calibrar, es necesario que el instrumento patrón cuente con mayor resolución y exactitud que la del instrumento a calibrar evidenciando menor cantidad en el resultado de hallazgo de la clase.

Para la realización de la confirmación metrológica se visitó el laboratorio de la Universidad Tecnológica de Pereira donde se observó el esquema de calibración y su conexión para la toma de lecturas. Esta visita se llevó a cabo con el fin de observar como se realizan los procedimientos de calibración para variables eléctricas e implementar este método para el presente proyecto.

Es así como se da cumplimiento del programa de calibración, realizando las verificaciones, calibraciones y ajuste si es necesario de los equipos involucrados en dichos controles. Las calibraciones se efectuaron en el laboratorio de Metrología ubicado en el Sena regional caldas, gracias a la intervención como ayuda al proyecto, por parte del señor Juan Carlos Ruge, actualmente jefe del laboratorio de metrología del Sena. Este laboratorio cuenta con instalaciones en las cuales existe control de humedad relativa y control de temperatura, además cuentan con instrumentos patrones que poseen trazabilidad y certificación por la Superintendencia de Industria y Comercio.

Las actividades de control se llevaron a cabo con un calibrador de procesos marca FLUKE. Mediante el programa de control, se identificaron los equipos patrones de trabajo existentes en el laboratorio de electrónica de la Universidad Autónoma de

Manizales para futuras actividades de calibración dentro del mismo, garantizando así un óptimo funcionamiento en los demás equipos existentes en el mismo. A partir de estas actividades de control se realiza el diseño de la respectiva documentación donde se evidencian los datos de control y la respectiva guía de calibración para los próximos estudiantes.

Para la fase 2 se creó una completa documentación, la cual corresponde a las de hoja de vida de equipos, inventario de instrumentos críticos, programa de control, procedimiento de calibración del equipo, informe de calibración del equipo, registro de calibración del equipo; además de la biblioteca virtual conformada por las guías de los equipos y las hojas de especificaciones.

8.3 Plan de Mejoramiento de no conformidades existentes en los Laboratorios de la Facultad de Ingenierías:

Se conforman indicadores de Gestión y Cumplimiento estableciendo el cronograma de implementación y capacitación de auditores internos y externos que sean garantes de las no conformidades identificadas durante el diagnóstico, su solución y la manifestación de las no conformidades que surjan después del Proceso.

8.4 Evaluación e Implementación de la Acreditación de los Laboratorios de la Facultad de Ingenierías:

Una vez obtenidos los resultados de la evaluación del proceso de acreditación por parte de auditorias y contando con un estudio de factibilidad concreto y confiable, se procederá a tramitar la solicitud de acreditación de los Laboratorios ante la Superintendencia de Industria y Comercio a través de los formularios que a continuación se relacionan, según el tipo y modalidad de acreditación, diligenciándolos debidamente junto con todos los anexos que allí se requieren e indicando el tipo de la acreditación solicitada y el alcance de la misma:

•Solicitud de acreditación de organismos de certificación de producto, formato 3020-F01.

•Solicitud de acreditación de organismos de certificación de sistemas de gestión de calidad, formato 3020.

•Solicitud de acreditación de organismos de certificación de personal, formato 3020-F03.

•Solicitud de acreditación de laboratorios de ensayos, formato 3020-F04.

Para esto se debe tener las siguientes evaluaciones: Preliminar y Documental para contar con la visita de auditoria y así obtener la decisión de Acreditación.

Debido al carácter práctico de la temática relacionada con el estudio, se recurre a fuentes de información primaria, como: los Laboratorios de Metrología de las empresas de la ciudad y de Ensayo de la Universidad Nacional sede Manizales, se analizan los patrones de medidas y demás componentes de precisión para la práctica en laboratorios de ensayo gracias a la ayuda del SENA[47] y de sus instalaciones.

El estudio técnico abarca un análisis de la infraestructura, condiciones ambientales y equipos requeridos para el establecimiento del laboratorio en la Universidad, para ello se utilizó la información acerca de cada una de las normas implementadas por la ISO/IEC17025[48], además muy importante es la información suministrada por proveedores de dichos equipos y componentes útiles en el ambiente de laboratorio.

Se realiza el estudio respectivo al personal necesario en el laboratorio y su capacitación para la competencia en el mismo, con base en la información prestada por la SIC[49], y la observación directa de cómo se desempeñan estos funcionarios en las visitas realizadas, también su dependencia desde el punto de vista administrativo dentro de la Universidad.

---

[47] Servicio Nacional de Aprendizaje.

[48] Criterios generales para la competencia de los laboratorios de ensayo y de calibración, elaborada por la ISO (Organización Internacional de Estandarización) e IEC (Comité Internacional de Electrotecnia), se actualiza en el 2005-05-15 (Segunda Edición).

[49] Superintendencia de Industria y Comercio

9. RESULTADOS OBTENIDOS Y HALLAZGOS

Los resultados obtenidos durante el proceso de acreditación se evidencian en cada una de las fases así.

9.1 PRIMERA FASE:

- En esta primera fase del proyecto de acreditación se realizó el diagnostico metrológico de los equipos e instrumentos existentes en el laboratorio de electrónica, donde se hallaron equipos en mal estado y algunos a los que les hacia falta de dispositivos para su funcionamiento, estos equipos han sido dados de baja por el ingeniero a cargo del laboratorio de Electrónica, Física y Control.

- Uno de los resultados obtenidos como consecuencia del retiro de los equipos existentes en el antiguo laboratorio de Control PLC, fue la generación de espacio y por ende la conformación del nuevo laboratorio de Ingeniería Biomédica en el lugar actual.

- Dentro de la verificación realizada a los osciloscopios fluke, fueron encontradas algunas fallas a las cuales se les realizó la reparación necesaria para su funcionamiento. Para la reparación se destapó dicho instrumento y se soldaron algunos pads y pines que estaban sueltos de la tarjeta electrónica, además se corrigió el error que causaban por la entrada de alimentación asegurando dicho acople.

- Dentro de los equipos de computo involucrados en el inventario metrológico se encontró que aproximadamente un 80% de los 15 equipos muestreados existentes en el laboratorio de electrónica marcas BENG y SAT requieren ser formateados, este 80% corresponde a 12 equipos donde la mayoría son de marca de carcasa ENERGY.

- Se adquirió los manuales de usuario de los equipos e instrumentos de medición, además de las hojas de especificaciones de los elementos electrónicos mas utilizados en el laboratorio, obteniendo como resultado una biblioteca virtual de documentación de componentes y manuales de usuario.

- Se creó la hoja de vida codificada de los instrumentos existentes en el laboratorio para seguimiento y control de los mismos.

9.2 SEGUNDA FASE:

- En la verificación de los instrumentos críticos se evidenció perillas de los generadores de señales en mal estado.

- Se encontraron 6 cargadores de osciloscopio marca fluke en mal estado, esta cantidad equivale al 83% del total de dichos elementos. Los presentes cargadores deberán ser incluidos en un plan de mejoramiento en donde se realice la respectiva reparación.

- Se evidenció que para el multímetro fluke 77900858 no se observa de manera completa el valor de la lectura realizada, como medida de corriente en mA. Este error en la lectura se debe a que la división de escala o resolución con la que cuenta el multímetro para la toma de lecturas en corriente es tan solo de 0.1, por esta razón dicho equipo no podrá capturar los demás dígitos que complementan el resultado de la medición realizada.

- Los instrumentos calibrados se encontraron en buenas condiciones, se evidenciaron errores de medición (ver registro de calibración) de baja influencia en la medición, como error absoluto.

- Se observó que el osciloscopio fluke 192 con código DM7920145 calibrado en las instalaciones del laboratorio metrológico del Sena se comportó de forma óptima, dando como resultado de las lecturas realizadas un alto grado de precisión y exactitud.

- Se observaron los equipos e instrumentos involucrados en el inventario metrológico, evidenciando una mala utilización de los mismos por parte de los estudiantes que requieren de los servicios del laboratorio.

- Se observó mayor exactitud en las mediciones realizadas con el osciloscopio fluke que con el tektronics al momento de verificar la amplitud de una señal.

- Se hace necesario el cambio de baterías del 100% de los equipos e instrumentos existentes en el laboratorio, realizando el correspondiente seguimiento de las mismas. Esto se debe a que muchas de estas baterías están sulfatadas, por esta razón pueden dañar los elementos electrónicos internos de los equipos, otra de las razones del por qué cambiar las baterías radica en el proceso de acreditación, requiriendo este que se acondicionen los accesorios de los equipos en optimas condiciones iníciales, adquiriendo nuevas herramientas y accesorios para el aseguramiento de la calidad.

- Se necesita del espacio adecuado en el laboratorio en el cual se controle el almacenamiento de los equipos patrones, los registros y documentación requerida para las respectivas prácticas efectuadas.

10. CONCLUSIONES

- Se realizaron las actividades de control acorde al programa de calibraciones, donde se concluye que los equipos de medición no han sido manipulados conforme a las condiciones iníciales de uso.

- La verificación y calibración de los instrumentos críticos en el laboratorio arrojó buenos resultados, estos son necesarios para la conformación del sistema de gestión de la medición para el presente proceso de investigación, donde se observa la exactitud con la que cuentan dichos equipos al realizar efectivas las lecturas de medición y tener arrojar valores iguales a los evidenciados en el instrumento patrón.

- El trabajo realizado en el primer semestre del 2007 y el segundo semestre del mismo año, ayudó a conformar el sistema de gestión de la medición conforme a la norma técnica colombiana 10012 (requisitos para los equipos y procesos de medición) identificando y diagnosticando el estado inicial del entorno del laboratorio.

- A causa de las interferencias evidentes en el laboratorio en las prácticas efectuadas en este, se deduce que las instalaciones del laboratorio de electrónica no son las adecuadas para la realización de las calibraciones respectivas a los patrones ahora presentes.

- El trabajo realizado en el año 2007 se concluyó con las calibraciones de los equipos y con la implementación de los registros necesarios en la documentación normativa, contando el laboratorio con una amplia información de las existencias más utilizadas en el mismo.

- Los costos en los que se incurren al acreditar un laboratorio son muy altos, los instrumentos y equipos adquiridos se deben manipular de manera precisa, por este se hace necesario capacitar el personal encargado del laboratorio en variables eléctricas, instrumentación y metrología para así dar un excelente manejo de los equipos e instrumentos existentes y optimizar su funcionamiento.

- La implementación de la norma ISO/IEC 17025 requiere de instalaciones en las cuales se controlen las condiciones necesarias para la realización de los ensayos, en estos momentos se debe inyectar el capital suficiente para la construcción de estos lugares.

- En la actualidad los programas de Ingeniería de la Universidad Autónoma de Manizales no contemplan en su currículo el tema referente a metrología y calidad, por esta razón se hace necesario la introducción de esta materia al núcleo básico de las ingenierías, ayudando así en los procesos industriales donde se hace obligatorio el uso de instrumentos y equipos de medición, además de la buena interpretación de la normatividad actual.

11. BIBLIOGRAFIA

- Norma ISO/IEC 17025 (Criterios Generales para la Competencia de los Laboratorios de Ensayo y de Calibración), elaborada por la ISO (Organización Internacional de Estandarización) e IEC (Comité internacional de Electrotecnia), se actualiza en Mayo 15 de 2005 (Segunda Edición).
- ISO/IEC 17011, Evaluación de la conformidad, Requisitos Generales para los organismos de acreditación de organismos de evaluación de la conformidad.
- ISO 9000 del 2000, Sistemas de Gestión de Calidad, Fundamentos y Vocabulario.
- ISO/NTC 2194, Términos básicos y generales en Metrología.
- LABORATORIO DE CORRIENTE ELECTRICA, superintendencia de industria y comercio, pasantía en el laboratorio de patrones de corriente eléctrica, primera edición, mayo 1998.
- PRINCIPIOS DE MEDICIONES E INSTRUMENTACION, Alan s. Morris, Prentice Hall

12. LISTA DE FIGURAS

Pág.

[50] Tomada del Centro Nacional de Metrología en México.(CENAM)

13. GLOSARIO

Ajuste de un instrumento: Acción de mejora que consiste en modificar mediante componentes físicos o mediante programas el resultado de salida de un instrumento, con el fin de compensar la curva de calibración. Así se eliminan los errores sistemáticos.

Aparato medidor: Instrumento de medición que sirve para transformar la magnitud medida o una de las otras magnitudes relacionadas con la misma en una indicación o información equivalente.

Error absoluto: Diferencia algebraica entre el resultado de medición y el valor de comparación.

Error de precisión: Es el error total del instrumento en las condiciones determinadas de empleo incluyendo el error de exactitud y el error de fidelidad.

Error relativo: Cociente del valor absoluto por el valor de comparación utilizado para el cálculo de dicho error absoluto.

Estabilidad: Capacidad de un instrumento de medida de conservar sus características metrológicas en el tiempo.

Exactitud: es la propiedad que caracteriza la capacidad del instrumento de medición para dar indicaciones iguales al valor verdadero de la magnitud medida, sin tomar en cuenta los errores de fidelidad.

Fidelidad: Cualidad que caracteriza a un instrumento de medición para dar con un mismo valor de una magnitud medida, indicaciones concordantes entre ellas, sin tomar en consideración los errores sistemáticos asociados con variaciones de las indicaciones.

Mantenibilidad: Expresa la probabilidad de que, bajo las condiciones establecidas de uso y mantenimiento, el equipo conserve su capacidad para realizar las funciones requeridas.

Medición: Conjunto de operaciones experimentales que tienen como fin determinar el valor de una magnitud.

Observación: Operación consistente en captar la indicación del instrumento de medición. La lectura de la indicación es solo una forma de observación entre todos los tipos de observaciones.

Patrón de trabajo: Patrón que contrastado por comparación con un patrón de referencia, se destina a verificar los instrumentos de medición comunes de menor precisión.

Patrón: Instrumento de medición destinado a definir o materializar, conservar o reproducir la unidad de medida de una magnitud (o un múltiplo o submúltiplo de esta unidad) para transmitirla por comparación a otros instrumentos de medición.

Precisión: Cualidad que caracteriza la aptitud de un instrumento de medición para dar indicaciones próximas el valor verdadero de la magnitud.

Repetibilidad de mediciones: Proximidad del acuerdo entre los resultados de mediciones sucesivas de una misma magnitud efectuada con el mismo método, por el mismo observador, con los mismos instrumentos de medición, en el mismo laboratorio y a intervalos de tiempo cortos. La repetibilidad de mediciones se estima a menudo sobre la base de la incertidumbre de medición, cuando más pequeña es la incertidumbre, mejor la repetibilidad.

Resultado de la calibración: Representación gráfica de la relación matemática existente entre los valores indicados por el instrumento o el sistema sometido a la calibración y el valor certificado del patrón de referencia, implicado como mesurando.

Resultado de una medición: Valor de la magnitud media obtenida por una medición. Cuando no haya posibilidad de confusión se puede llamar "medida" al resultado de una medición.